小学生宇宙与航天知识自主读本 6-10岁适读

宇宙我知道 月球

景海荣　著
庄国京　审定

U0221127

中国宇航出版社
·北京·

目录

（图源：NASA·）

月球从哪儿来？

　　在大约 45 亿年前，一颗原始行星撞上了原始地球。它的一部分和原始地球融合在一起，另外一部分因为撞击而飞溅出去，和从原始地球上飞溅出来的物质一起，在地球轨道上形成了月球——这就是关于月球形成的"大碰撞说"。它符合目前的太阳系起源理论，而且能很好地解释月球为什么缺乏挥发性元素——它们可能在大碰撞中丢失了，因为月球的引力较小，无法像地球一样重新捕获它们。科学家精确地分析了月球岩石样品，发现月球曾经处于熔化状态，而这种状态单凭月球自身的热量是无法维持的。不过，通过一场巨大的星球碰撞，就很容易解释了。

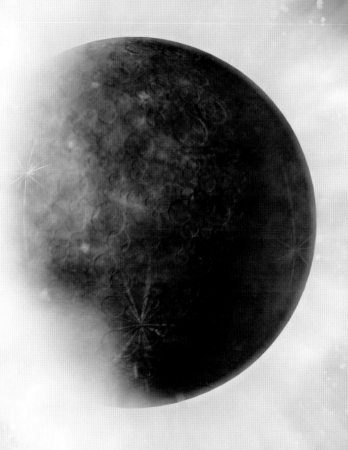

（图源：NASA）

（图源：NASA）

月球有多大?

"哇，月亮好大呀!"

小朋友经常这样说。不过，我们现在是小学生了，在学天文知识，我们应该严谨地问："月球有多大?"月球看上去很大，这是因为，它是离地球最近的星球。

其实，月球本身并不是很大，它的直径大约是地球是 1/4，地球的胖肚子里差不多能装下 50 个月球。月球的表面积大约只有地球表面积的 1/14。论质量，地球可是月球的 81.3 倍呢!

在太阳系里，天文学家已经发现了 200 多颗卫星。有的行星真是卫星大富翁，比如大块头的木星和土星，它们俩都有几十颗卫星。而个头小小的水星和金星，连一颗卫星都没有。月球是地球唯一的卫星。论大小，它是太阳系卫星中的第 5 名。

（图源：ESA）

（图源：NASA）

月球有多远?

近地点：363 300 千米

远地点：406 700 千米

月球和地球的最近距离是 36.33 万千米，最远 40.67 万千米，平均距离是 384 403.9 千米。这是怎么测定的呢？科学家找到了一把特殊的"量天尺"——激光。作为人造光源，激光可以说鹤立鸡群，被誉为"最快的刀、最准的尺、最亮的光"。我们知道，距离等于速度和时间的乘积，光的速度是 299 792 千米 / 秒。科学家从地球向月球发射一束激光，只要测量这束激光的往返时间，就能计算出两颗星球的距离。

近地点

远地点

阿波罗飞船的航天员们在登月时特意留下了几块反射激光的镜子，这使得科学家们利用激光测量地月距离时，返回地球的激光信号更强。正是利用激光测距，科学家才发现，月球正以平均每年 3.8 厘米的速度远离地球。

（图源：NASA）

月有阴晴圆缺

"人有悲欢离合，月有阴晴圆缺"，这里的圆缺就是指"月相变化"，是指我们在地球上所看到的月球不同形象。

月球本身不透明也不发光，在太阳光照射下，朝向太阳的半个球面是亮区，另半个球面是暗区。月球绕地球运行，地球绕太阳运行，太阳、地球、月球三者的相对位置在一个月中有规律地变动，每隔 29.5 天重复一次，按顺序是新月、蛾眉月、

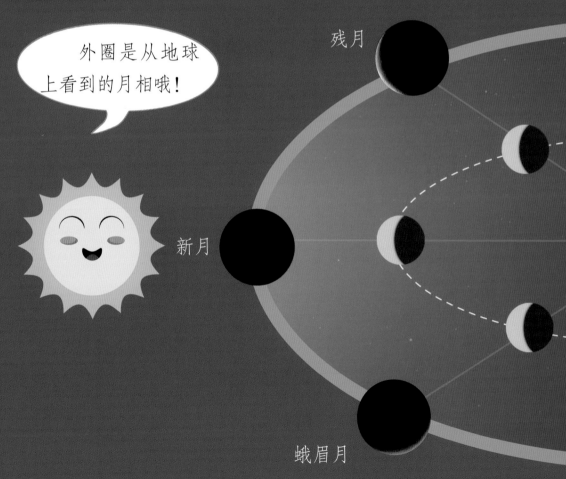

上弦月、盈凸月、满月、亏凸月、下弦月和残月 8 个月相。因所处的纬度不同，人们在南北半球看的月相是左右颠倒的。

月球绕地球运行的轨道是椭圆形的。每个月，月球都会经过近地点和远地点。满月时，如果月球处于近地点，它在夜空中就会显得更大更亮，有人会叫它"超级月亮"。

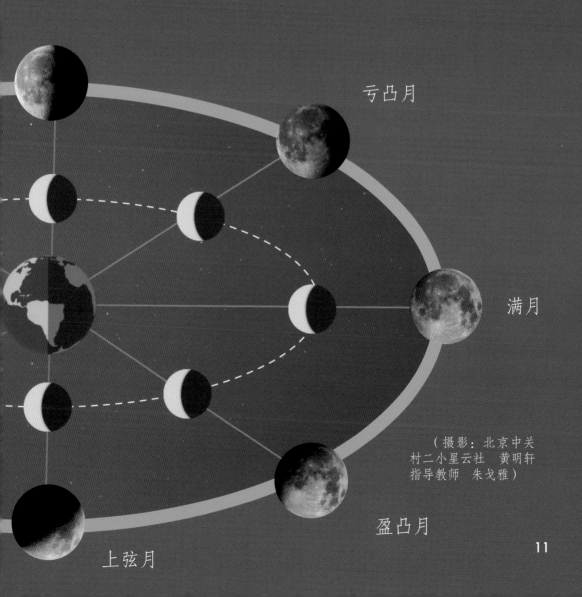

亏凸月

满月

（摄影：北京中关村二小星云社　黄明轩　指导教师　朱戈雅）

盈凸月

上弦月

月球被吃掉了？

当太阳、地球、月球它们三个恰好或几乎在同一条直线上时（地球在太阳和月球之间），太阳到月球的光线便会部分或全部被地球遮挡，产生月食，也就是民间传说中的"天狗吃月"。

太阳

地球

月球

月全食示意图（图源：ESA）

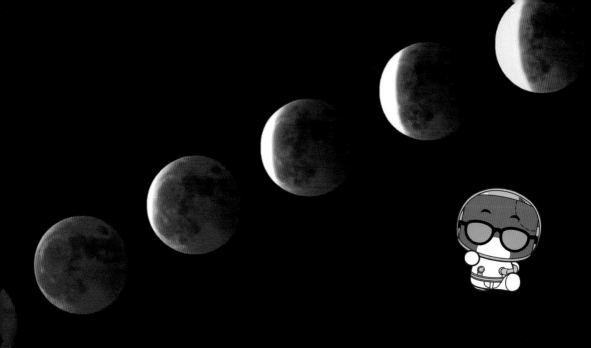

　　在月全食过程中，整个月球落在地球阴影中最黑暗的部分，那里被称为本影。 当月亮在本影内时，我们在地球上就会看到红月亮。因为这个时候，只有透过地球大气层的太阳光照射到月面，红光最容易穿透大气层。月全食期间，地球大气中的尘埃和云层越多，月球就会变得越红，仿佛全世界的朝霞和晚霞都投射在了月球上，这就是"血月"现象。

（摄影：北京中关村二小星云社 林皓威指导教师 朱戈雅）

假如没有月球

　　如果天空里没有了月球？地球会是一幅怎样的景象呢？或许很多人会说，没有月球就没有了中秋，可能吃不到月饼……

　　假如月球突然消失，地球会发脾气！大海每天潮起潮落，这是由月球和太阳的共同引力造成的，但太阳对地球的潮汐力只有月球的 40% 左右。如果没有月球，地球和月球之间的引力消失，海水就会横向偏移，进而引发大海啸，沿海地区就会遭殃。洋流也会跟着改变，海洋生态系统会

伽利略号探测器拍摄的地球和月球（图源：NASA）

发生变化，很多海洋生物将难以生存。接着，就是全球气候的巨大变化，可能会出现各种极端天气，粮食产量受到严重影响。

如果没有月球，地球的自转倾斜角度会产生巨大偏移，这样一来，四季变化会非常剧烈。

（图源：Pixaby）

月球上能种菜吗？

几乎整个月球表面都覆盖着一层细粉状的风化物质——月壤，由于月壤不含有任何有机营养成分，人们一直认为，月壤是不可以用来种菜的。不过，2022年5月，美国佛罗里达大学的研究人员成功地利用月壤样品进行了拟南芥培植试验。

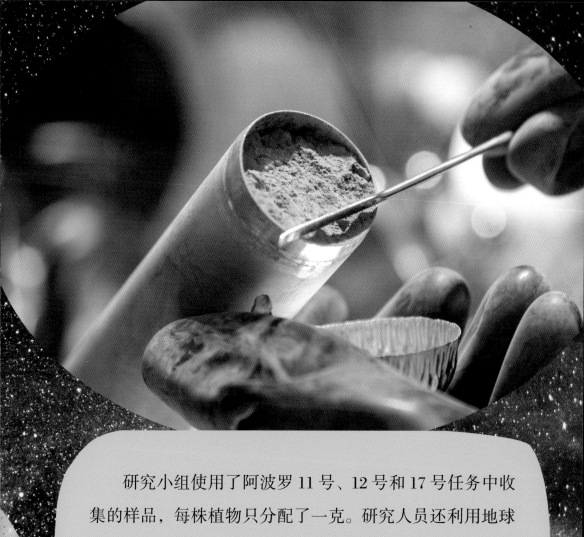

　　研究小组使用了阿波罗11号、12号和17号任务中收集的样品，每株植物只分配了一克。研究人员还利用地球上的火山灰进行了对比种植。他们每天添加营养液，两天后，拟南芥种子就开始发芽了。6天后，相比用地球上的火山灰种出来的，月壤组植物苗长得很慢，根部发育不良，叶子较小，甚至还出现了植物的应激反应，这是一种显示压力、紧张的基因活动，类似于植物对盐、金属和氧化的反应。

　　这次试验只是第一步，下一步就是要在月球上实地种植了。

（图源：NASA）

月球的高山 "大海"

  月球的地形主要有环形山、月海、月陆和山脉、月面辐射纹以及月谷等。

  环形山是月面的显著特征，几乎布满了整个月面，最大的环形山是南极附近的贝利环形山，直径大约是 295 千米。

  月海实际上是月面上的广阔平原，总面积约占全月面的 25%。月球表面分布着 22 个主要的月海，其中 19 个都分布在月球的正面（面向地球的一面），其他 3 个位于月球的背面。

两个箭头中间的小点就是嫦娥三号探测器。（图源：NASA）

月陆也被称为月球高地，它是月面上高出月海的区域，一般高出 2~3 千米。

月面上还有一个主要特征是美丽的"辐射纹"，这是一种以环形山为辐射点，向四面八方延伸的亮带，几乎以笔直的方向穿过山脉、月海和环形山。

在月面上，还有弯弯曲曲的黑色大裂缝，那就是月谷，它们有的绵延几百到上千千米，宽度从几千米到几十千米不等。

远处的山有 3 000 多米高（图源：NASA）

月球的水和大气

　　对于月球，古时候的人们有非常深的情怀。他
们猜测月球是一颗美丽的星球，是月亮女神居住的
地方。可当人类登上月球之后才发现，它其实是一
颗非常荒凉的星球，没有流淌的水，也没有任何生命
的迹象。

　　月球没有大气层，近地表只有微量大气，主要成分是氩
和氦这类惰性气体。月球磁场也很微弱，因此挡不住太阳风

嫦娥三号拍摄的月壤和岩石
（图源：中国国家航天局）

和宇宙射线的轰击。即便早期通过火山喷发积累过一些大气，也被强烈的太阳风和宇宙射线给"吹散"了。

嫦娥三号对月球外逸层水含量进行了高精度探测，纠正了此前哈勃望远镜探测到月球上存在大量水分子的错误结论。

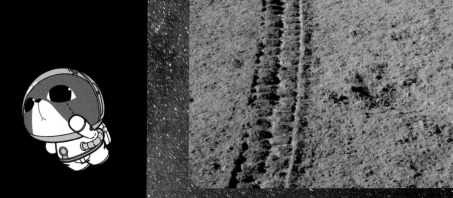

玉兔二号月球车的车辙印记（图源：中国国家航天局）

伤痕累累的月球

（图源：中国国家航天局）

　　在过去的 45 亿年里，小行星、陨石和彗星不断撞击月球，在月球表面留下了密密麻麻的陨击坑。有的很大，比如艾特肯陨击坑，宽约 2 000 千米，可能是太阳系最大最古老的陨击坑；有的很小，就像是个几十厘米宽的孔洞；有的大陨击坑里有小陨击坑；有的新陨击坑压着老陨击坑。

比起朝向地球的正面，月球背面的陨击坑更密集。这是因为，月球围绕地球同步自转，它的背面就像是一面盾牌，帮地球挡住了很多愣头愣脑、呼啸而来的"天外来客"。我们可要好好谢谢月球哦，它是地球忠诚无畏的太空卫士。

（图源：NASA）

探索月球

有了望远镜，人类能越来越清晰地观察月球了。但是，这还满足不了人类的好奇心。人类一直梦想着飞向月球，登上月球。随着科学技术的进步，这个梦想一步步变成了现实。到目前为止，人类已经进行了 130 多次月球探测。

1959 年 1 月 2 日，苏联的月球 1 号探测器出发了。2 天后，它从离月球 5 995 千米的地方一掠而过。虽然因为当时的科技水平有限，月球 1 号还不能环绕或降落到月球，但是，它成功地成为人类的第一颗空间探测器，拉开了人类探测月球的大幕。

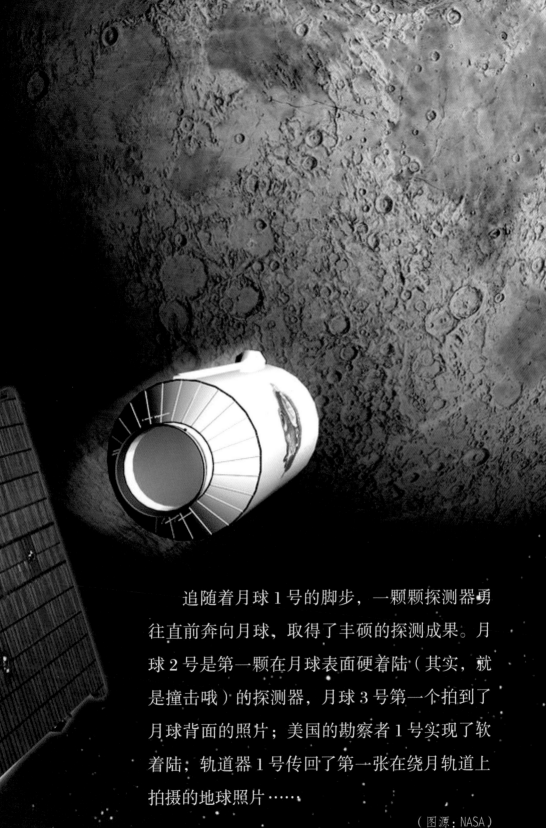

追随着月球 1 号的脚步，一颗颗探测器勇往直前奔向月球，取得了丰硕的探测成果。月球 2 号是第一颗在月球表面硬着陆（其实，就是撞击哦）的探测器，月球 3 号第一个拍到了月球背面的照片；美国的勘察者 1 号实现了软着陆；轨道器 1 号传回了第一张在绕月轨道上拍摄的地球照片……

（图源：NASA）

登上月球

1969 年 7 月 20 日，美国阿波罗 11 号飞船成功在月球降落，阿姆斯特朗走出登月舱，在月面留下了人类的第一个脚印。他说："这只是我的一小步，却是人类的一大步。"2021 年 12 月 9 日，联合国大会批准，将每年的 7 月 20 日定为"国际月球日"。每年在世界各地开展宣传教育活动，纪念在探月方面取得的成就，提高公众对可持续探索和利用月球的认识。

美国阿波罗任务持续到 1972 年，共有 12 名航天员登上了月球，并在月球上一共停留了近 280 小时，在月面共出舱活动 80 小时 36 分，活动距离累计达 100 千米，登月航天员在月面安放的各种科学仪器也为科研人员提供了大量有价值的数据。他们带回了约 385 千克月球岩石样品，为月球研究提供了直接依据，大大充实了人类对月球的认识。1985 年科学家们通过对月球岩石样品的分析，证实了月球上存在一种可用于核聚变发电的物质，这一发现给后来月球的研究和探测工作注入了巨大动力。

（图源：NASA）

嫦娥探月

　　"嫦娥探月"是继发射人造卫星和载人航天后，中国航天事业的第三座里程碑，也是中国航天事业从近地向深空拓展的起点，按照"绕、落、回"三步走战略实施：嫦娥一号、二号环绕月球运行，对月球进行全球性、整体性和综合性探测，获得了7米分辨率的全月图，探查了铁、钛、铀、钾、硅、铝等14种重要元素的地理分布，为月球矿产资源开发和月球基地建设奠定了基础；嫦娥三号、四号分别在月球虹湾区和月背的南极艾特肯盆地软着陆，试验软着陆和月球车技术，在着陆区开展实地探测和月基天文观测；
嫦娥五号实现在月球表面的
勘察采样，并将 1 731 克
的样品带回了地球。在样品中，科学家发现了一种新矿

嫦娥石理想晶体图

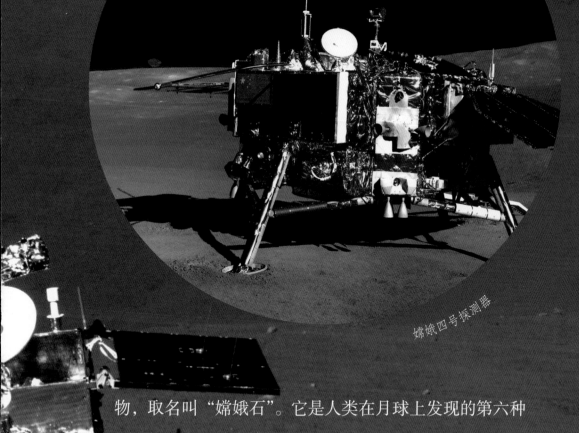

嫦娥四号探测器

玉兔二号月球车

物，取名叫"嫦娥石"。它是人类在月球上发现的第六种新矿物，中国成为第三个在月球发现新矿物的国家。

中国探月工程第四期的项目已经开始了，计划通过嫦娥六号、七号、八号任务，进行月球相关资源勘查、科学研究和科研站技术验证，计划在2030年前，建成月球科研站的基本型。

（图源：中国国家航天局）

月球基地

月球环境具有超高真空、无大气活动、超洁净、弱重力、无磁场、地质构造稳定等特点，在月球建设基地，可以充分利用这些"地利"开展各种研究活动，为未来建设能够自给自足的地外家园打下基础。此外，还可以开展新的生物制品、特效药物和特殊材料等的研制、开发和试验性生产。未来，设施完善的月球基地还可以发挥物资补给、推进剂补加、大型构件组

装建造、深空通信中继等作用，为人类探索深空充当"跳板和中转站。

在月球上观测宇宙一直是天文学家的梦想。月球真空度高，可以开展紫外等地面无法完成的观测。月球自转缓慢，可对天文目标长期监测，特别是月球极区能实现星不落连续观测。月球的背面电磁噪声极低，有利于开展长波射电天文观测。截至目前，仅有中美两国完成了月基天文观测。不同的是，美国阿波罗 16 号的相机是手持人工操作，而中国是首次依托地外天体开展自主天文观测。

（图源：ESA）

这些问题的答案都在书里哦!

航天迷 问不倒

1. 月球的直径大约是地球的几分之一?

2. 月球环绕地球运行的轨道是什么形?

3. 月相一共有几种?

4. 月食就是月球被哪个天体遮挡了?

5. 请说一说,假如没有月球,地球会发生哪些变化?

6. 月球上最大的环形山是哪座?

7. 月球上的"大海"其实是什么?

8. 月球上有可以流淌的水吗?

9. 人类第一次登上月球是哪一年?

10. 从月球采样返回的探测器是嫦娥几号?